中国草地主要禾本科
饲用植物图鉴

德 英 赵来喜 徐春波 著

中国农业科学技术出版社

图书在版编目（CIP）数据

中国草地主要禾本科饲用植物图鉴 / 德英，赵来喜，
徐春波著 . — 北京：中国农业科学技术出版社，2020.12
  ISBN 978-7-5116-5106-8

  Ⅰ . ①中… Ⅱ . ①德… ②赵… ③徐… Ⅲ . ①禾本科牧
草—中国—图集 Ⅳ . ① S543-64

  中国版本图书馆 CIP 数据核字（2020）第 250809 号

责任编辑　陶　莲
责任校对　马广洋

出 版 者　中国农业科学技术出版社
　　　　　北京市中关村南大街 12 号　邮编：100081
电　　话　（010）82106625（编辑室）（010）82109702（发行部）
　　　　　（010）82109709（读者服务部）
传　　真　（010）82106625
网　　址　http://www.castp.cn
经 销 者　各地新华书店
印 刷 者　北京建宏印刷有限公司
开　　本　710mm×1 000mm　1/16
印　　张　8.5
字　　数　106 千字
版　　次　2020 年 12 月第 1 版　2020 年 12 月第 1 次印刷
定　　价　88.00 元

《中国草地主要禾本科饲用植物图鉴》
著者名单

主 著 德 英 赵来喜 徐春波

参 著（按姓氏笔画排列）

王照兰 闫伟红 李志勇 武自念

赵 玥 崔艳伟 穆怀彬

前 言

禾本科植物与人类的生存和经济活动有着十分密切的联系，不仅是家畜和野生动物的重要饲草，还在水土保持和防风固沙等方面发挥着重要的生态功能。禾本科植物资源种类多，抗逆性强，分布地域广，在《中国草地饲用植物资源》一书中收录我国草地禾本科饲用植物1 135种，其中主要禾本科饲用植物457种，很多种类是禾谷类作物的野生近缘种及遗传育种的珍贵种质资源，有的种还具有药用、建材、观赏等多种多样的用途。

2004—2007年度，中国农业科学院草原研究所承担了国家自然科技资源平台项目"牧草植物种质资源标准化整理、整合及共享试点"子项目，组织并开展了优良牧草种质资源图像的收集整理，以此为基础，并历时2年多时间，完成了《中国草地主要禾本科饲用植物图鉴》一书的撰写，旨在为科研、教学、推广、生产、管理等部门的草业工作者提供有价值的参考资料。

《中国草地主要禾本科饲用植物图鉴》共收录了《中国草地饲用植物资源》一书中常见的主要禾本科饲用植物106种，分属4个亚科、46个属；植物学图片450余幅。对每个草种的特征、特性、生境（栽培草种除外）、分布、用途（饲用除外）等进行了描述，附上图像，图像包括植株、根、茎、叶、花、果实、种子等。由于采集图像季节性影响较大，拍摄难度大；采集种类尚不全面、完整，采集到的部分图像不甚理想，再版时将予以完善。

本书得到了国家自然科技资源平台项目"牧草植物种质资源标准化整理、整合及共享试点"子项目（2005DKA21007）的全力支持和中国农业科学院创新工程的资助。内蒙古大学赵利清教授给予了帮助与支持。在此，谨向关怀帮助本书出版的所有个人和单位表示衷心感谢！

由于时间、条件和水平所限，书中不足之处在所难免，敬请广大读者、学者和同行批评指正！

著　者

2020 年 8 月

目 录

芦竹亚科
Arundinoideae

芦竹属 *Arundo* L.

1. 芦竹 *Arundo donax* L.

【特征】多年生；具粗短多节的根状茎；秆粗大直立，高2~6 m，单一或有分枝；叶片长达1 m，宽2~5 cm；圆锥花序较密集，直立，长30~60 cm，小穗含2~4小花；花果期9—12月。

【特性】喜温暖，喜水湿，耐寒性不强。

【生境】灌草丛，河岸道旁。

【分布】我国华南、西南、华东及华中；西班牙。

【用途】秆为制管乐器中的簧片；是制优质纸浆和人造丝的原料。

芦竹亚科

芦苇属 *Phragmites* Adans.

2. 芦苇 *Phragmites australis* (Cav.) Trin.ex Steud.

【**特征**】多年生根茎型上繁禾草；秆高 0.5~3 m；叶片扁平，光滑或边缘粗糙，长 15~45 cm，宽 0.5~3.5 cm；圆锥花序开展，微下垂，长 8~40 cm，分枝斜向上或伸展，小穗长 12~16 mm，小花数 4~7；花果期 8—10 月。

【**特性**】耐盐；根系十分发达，无性繁殖和侵占力极强，对环境的适应和忍耐力很强。

【**生境**】冲积洪积扇缘，平原洼地、河湾滩地、湖滨、古老河床、以及水分条件好的山地、沙丘底部。

【**分布**】我国各地；全世界温带地区。

【**用途**】建筑材料、造纸、纺织；青贮饲料；放牧利用或刈割饲喂家畜。

芦竹亚科

早熟禾亚科
Pooideae

芨芨草属 *Achnatherum* Beauv.

3. 芨芨草 *Achnatherum splendens* (Trin.) Nevski

【特征】多年生丛生下繁禾草；具粗而坚韧外被砂套的须根，秆高 40~100 cm，直径 2~3 mm，具 3~5 节；叶片纵卷，长 15~30 cm，较硬直，粗糙；圆锥花序开展，长 15~25 cm，分枝长 5~15 cm，2~4 枝簇生，小穗长约 5 mm；花果期 6—9 月。

【特性】根系强大，耐旱、耐盐碱、适应黏土以至沙壤土。

【生境】微碱性的草滩及沙土山坡上，海拔 900~4 500 m。

【分布】我国西北、青藏高原、华北北部；蒙古、中亚及外贝加尔。

【用途】供造纸及人造丝，又可编织筐、草帘、扫帚等；叶浸水后，韧性极大，可做草绳；可改良碱地，保护渠道及保持水土。

早熟禾亚科

冰草属 *Agropyron* Gaertn.

4. 冰草 *Agropyron cristatum* (L.) Gaertn.

【特征】多年生疏丛型禾草；根须状，密生，具砂套；秆直立，基部节微膝曲，高
30~70 cm；叶片常内卷；穗状花序粗壮，穗轴密生短柔毛，小穗紧密排列成两
行，呈篦齿状，含3~7小花，颖果棕色；花果期6—8月。

【特性】适应性强，耐旱、耐寒、耐碱；再生性强，耐践踏。

【生境】干燥山坡、干草原、丘陵及沙地上。

【分布】我国东北、华北、西北；中亚、西伯利亚、蒙古以及北美。

【用途】是一种放牧和打草兼用型牧草；可作为改良退化和沙化草地的补播草种。

早熟禾亚科

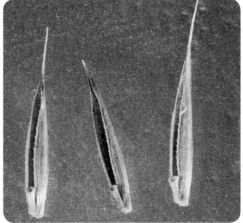

5. 沙生冰草 *Agropyron desertorum* (Fisch.) Schult.

【特征】多年生密丛型禾草；根外具砂套；秆直立，高 20~70 cm；穗状花序细瘦，长圆柱形，小穗坚密排列在穗轴两侧，斜升而不呈篦齿状，含 3~7 小花；花果期 5—8 月。

【特性】根系较发达；耐旱和耐寒性强；耐沙性强。

【生境】沙地、干草原、丘陵地、山坡。

【分布】我国内蒙古、山西、甘肃、新疆等省区；库马河沿岸、蒙古及美国北部。

【用途】可作改良碱地、保护渠道、保持水土植物。

早熟禾亚科

6. 沙芦草 *Agropyron mongolicum* Keng

【特征】多年生密丛型禾草；根须状，具砂套；秆直立，高 20~70 cm；叶片内卷成针状；穗状花序疏松，线形，小穗含 3~8 小花，颖果长圆形，长约 4 mm，顶端有毛；花果期 5—8 月。

【特性】根系发达；耐干旱、耐风沙。

【生境】沙地、荒漠草原、石砾质地。

【分布】我国内蒙古、山西、陕西、宁夏、甘肃；欧洲，中亚，蒙古。

【用途】可在沙地及荒漠草原区栽培利用。

早熟禾亚科

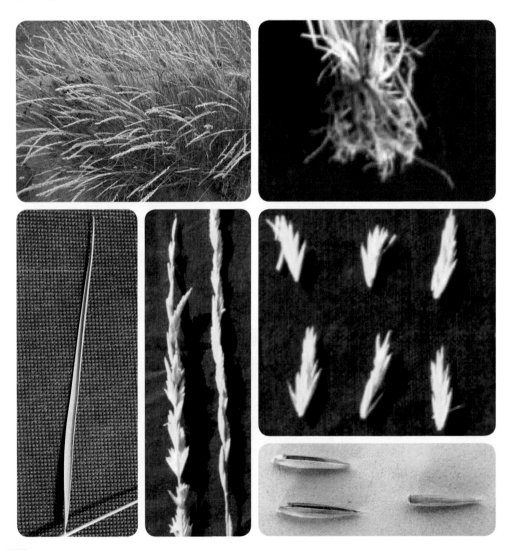

7. 西伯利亚冰草 *Agropyron sibiricum* (Willd.) Beauv.

【**特征**】多年生疏丛型禾草；须根系，无根茎；秆直立，高 70~95 cm；叶片长达 20 cm，宽 4~6 mm；穗状花序疏松，宽 1~1.5 cm，微弯曲，小穗含 9~11 花；花果期 5—7 月。

【**特性**】耐微碱性；耐寒、耐旱。

【**生境**】沙土，沙壤土地带。

【**分布**】我国内蒙古（锡林郭勒盟）、陕西（北部）；西伯利亚。

【**用途**】在高寒干旱区和半干旱区建立人工草场；可用于改良沙地草场。

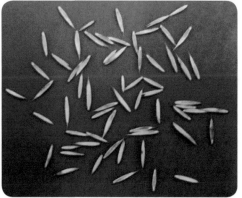

早熟禾亚科

剪股颖属 *Agrostis* L.

8. 巨序剪股颖 *Agrostis gigantea* Roth

【**特征**】多年生下繁禾草；具根头及匍匐根茎；秆丛生，高 50~130 cm；叶片线性，扁平，长 10~30 cm，宽 5~10 mm，边缘有脉，粗糙；圆锥花序长圆形或尖塔形，疏松或紧缩，长 10~25 cm，宽 5~10 cm，每节具 5~15 分枝，小穗长 2~2.5 mm；花果期 6—9 月。

【**特性**】耐酸性土壤；抗寒性强；根茎的繁殖扩侵力强。

【**生境**】山坡、山谷、林缘草地、河滩湿润草甸。

【**分布**】我国东北、西北、华北、西南、华中、华东；俄罗斯、蒙古、日本、欧洲及美洲。

【**用途**】为放牧与刈割兼用的优良牧草。

看麦娘属 *Alopecurus* L.

9. 看麦娘 *Alopecurus aequalis* Sobol.

【特征】一年生疏丛型禾草；须根细而柔软；秆细弱，基部节处常膝曲，高 15~45 cm；叶片扁平，质薄，表面脉上疏被微刺毛，背面粗糙；圆锥花序圆柱形，灰绿色，小穗两侧压扁，含 1 小花，颖果长约 1 mm；花果期 4—8 月。

【特性】稍喜湿润，较耐阴；耐低温，不耐高温。

【生境】田边、河滩、沼泽及草甸。

【分布】遍及我国各地；广布于欧亚大陆的寒温和温暖地区，北美也有。

【用途】可调制成干草和青贮料；也可作为商品饲料。

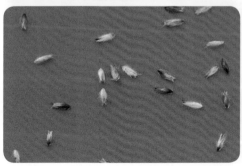

早熟禾亚科

10. 苇状看麦娘 *Alopecurus arundinaceus* Poir.

【特征】多年生根茎型禾草；须根发达，具砂套；秆直立，单生或少数丛生，高60~140 cm；叶片斜向上升，长5~40 cm，宽5~9 mm，表面粗糙，背部光滑；圆锥花序圆柱状；小穗长4~5 mm，含1小花；花果期6—9月。

【特性】根状茎发达，无性繁殖力强；微酸或微碱地上生长良好；耐轻度盐碱、水涝和践踏。

【生境】河谷河滩草甸、沼泽草甸、林缘及山坡草地。

【分布】我国东北、内蒙古、甘肃、青海、新疆等省区；欧亚大陆寒温带。

【用途】打草和放牧用，可作为人工草地栽培和天然草地改良补播。

早熟禾亚科

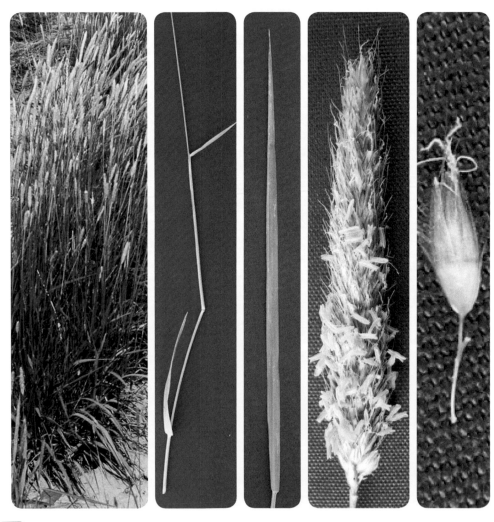

11. 大看麦娘 *Alopecurus pratensis* L.

【特征】多年生禾草；具短根状茎；秆直立或基部稍膝曲，高 80~120 cm，具 4~5 节；叶线形，扁平，长 8~11 cm，宽 3~5 mm，粗糙；穗状花序长 5~9 cm；小穗长 4~6 mm，椭圆形，两侧压扁，含 1 小花；花果期 6—8 月。

【特性】喜湿润寒冷的气候，不耐炎热及干旱；分蘖力弱；抗病力差。

【生境】河岸、溪畔草甸或谷地间。

【分布】我国东北、内蒙古、西北；欧亚大陆温寒地区。

【用途】适宜在温暖湿润的地区建立人工草地。

早熟禾亚科

燕麦属 *Avena* L.

12. 莜麦 *Avena chinensis* (Fisch.ex Roem.et Schult.) Metzg.

【特征】一年生疏丛型禾草；根具砂套；秆直立，高 60~100 cm；叶片扁平，长达 40 cm，宽达 15 mm；圆锥花序疏松，开展，长达 20 cm，小穗含 3~6 小花，颖果长约 8 mm，与稃体分离；花果期 6—8 月。

【特性】喜寒凉，耐干旱，抗盐碱。

【生境】山坡、路旁、高山草甸及潮湿处。

【分布】我国西北、华北、西南和湖北。

【用途】籽实可食用，作精饲料；植株可作青饲料及青贮饲料，调制干草。

早熟禾亚科

13. 野燕麦 *Avena fatua* L.

【特征】一年生疏丛型禾草；秆直立，高 60~120 cm；叶片扁平，长 7~30 cm，宽 4~12 mm；圆锥花序开展，长 10~25 cm，分枝具棱，小穗长 18~25 mm，含 2~3 小花，颖果被淡棕色柔毛，腹面具纵沟，不易与稃片分离；花果期 4—9 月。

【特性】分蘖力、繁殖力和再生力均很强；耐旱性和耐寒性强。

【生境】山坡林缘、田野、路边。

【分布】我国南北各省区；欧、亚、非洲的温寒带地区，北美。

【用途】青饲及刈割调制青干草均可利用；籽实可为家畜精饲料。

早熟禾亚科

菵草属 *Beckmannia* Host

14 菵草 *Beckmannia syzigachne* (Steud.) Fern.

【特征】一年生疏丛型禾草；秆直立，基部微膝曲，高 15~90 cm；叶片扁平，长 5~20 cm，宽 3~10 mm；圆锥花序狭窄，长 10~30 cm，直立或斜上，小穗压扁，圆形，灰绿色，常含 1 小花，长 2.5~3 mm；花果期 6—9 月。

【特性】湿生植物；具有耐盐性；耐牧。

【生境】低洼潮湿草地或微盐化草甸、水边，也见于阴湿山地沟谷溪流旁边。

【分布】我国各地；广布于全世界。

【用途】颖果可代替精饲料。

早熟禾亚科

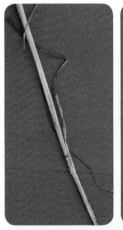

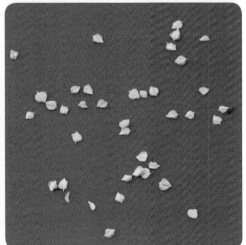

雀麦属 *Bromus* L.

15 扁穗雀麦 *Bromus catharticus* Vahl.

【特征】一年生或二年生丛生草本；秆直立，高 50~100 cm；叶片扁平，长 30~40 cm，
宽 3~7 mm，表面疏被柔毛或无毛；圆锥花序开展，疏松，每节具 1~3 分枝；分
枝粗糙，顶端着生 1~3 枚小穗；小穗极压扁，含 6~12 小花，颖果长约 8 mm，
顶端具毛茸；花果期 5—9 月。

【特性】喜肥沃黏重的土壤，能在盐碱地及酸性土壤良好生长；再生性和分蘖力强。

【分布】原产南美洲的阿根廷；我国南北均有引种栽培，贵州、江苏有逸生者。

【用途】适合在我国南方作为刈割人工草地。

早熟禾亚科

16. 缘毛雀麦 *Bromus ciliatus* L.

【**特征**】多年生根茎型禾草；秆直立或斜升，高 60~120 cm；叶片扁平，长 9~20 cm，宽 3~10 mm；圆锥花序长 10~25 cm，每节生 1~4 个分枝，分枝常弯曲，着生 1~3 枚小穗，小穗含 3~10 小花，穗轴节间长 1~2 mm，颖果长圆柱形，长约 10 mm；花果期 6—7 月。

【**特性**】再生能力强，可利用期长。

【**生境**】林缘草地，路旁及沟边。

【**分布**】我国东北、内蒙古；西伯利亚、蒙古、北美西北部。

【**用途**】放牧和打草兼用型禾草。

早熟禾亚科

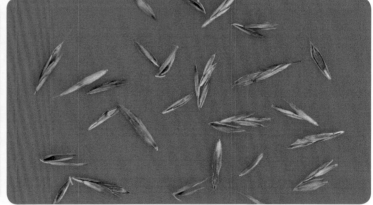

17. 无芒雀麦 *Bromus inermis* Leyss.

【特征】多年生根茎型禾草；秆直立，单生或丛生，高 50~120 cm；叶片扁平，通常无毛，长 5~28 cm，宽 4~10 mm；圆锥花序开展，长 10~20 cm，每节具 2~5 分枝，分枝细长，微粗糙，每枝生 1~5 枚小穗，小穗含（5）7~10 小花，颖果棕褐色，长 7~9 mm；花果期 7—9 月。

【特性】对土壤要求不严，耐盐碱，耐寒，耐旱，再生性与耐牧性都较强。

【生境】草甸、林缘、山间谷地，河边及路旁。

【分布】我国东北、华北、西北及西藏；欧亚大陆温带地区。

【用途】既能放牧又能刈割制作青干草或做青贮饲料；可作水土保持植物。

早熟禾亚科

18. 雀麦 *Bromus japonicus* Thunb.

【特征】一年生丛生草本；秆直立，基部节膝曲，高 20~100 cm；叶片扁平，两面密被白色柔毛，有时背面脱落无毛；圆锥花序开展，疏松，稍向下弯垂，分枝细长弯曲，粗糙，小穗成熟后压扁，含 5~15 小花，颖果压扁，长约 7 mm；花果期 6—8 月。

【特性】喜温暖湿润的土壤，耐寒、抗旱性较强，种子自繁能力强；对土壤酸碱度要求不严。

【生境】海拔 50~2 500（3 500）m 的山坡林缘、荒野路旁、河漫滩湿地。

【分布】我国东北、新疆、黄河和长江流域各省区；日本、朝鲜、蒙古和欧洲。

【用途】茎叶纤维可造纸；种子可用作酿酒。

早熟禾亚科

拂子茅属 *Calamagrostis* Adans

19. 拂子茅 *Calamagrostis epigejos* (L.) Roth

【特征】多年生上繁根茎型禾草；秆直立，高 30~130 cm；叶片扁平，常内卷，长 10~30 cm，宽 4~8（13）mm，表面及边缘粗糙，背面平滑；圆锥花序紧密，劲直，有间断，长 20~35 cm；小穗长 5~7 mm，含 1 小花；花果期 5—9 月。

【特性】喜温暖湿润的环境，适应性较强，生态幅度较宽，具有一定的耐盐能力，在盐化草甸土上能生长，但在强盐渍化的地段则发育不良。

【生境】海拔 160~3 900 m 的潮湿地及河岸沟渠旁。

【分布】遍及我国各地；欧亚大陆温带地区。

【用途】固定泥沙、保护河岸的良好材料。

早熟禾亚科

20. 假苇拂子茅 *Calamagrostis pseudophragmites* (Hall.f.) Koel.

【特征】多年生根茎型禾草；秆直立，高 40~100 cm；叶片扁平或内卷，表面及边缘粗糙，下面平滑；圆锥花序开展，疏松，长 12~20 cm，分枝簇生，细弱，斜升，小穗长 5~7 mm；花果期 7—9 月。

【特性】根状茎发达。

【生境】河边沙地、河岸、山坡低地及阴湿地。

【分布】我国的东北、华北、西北、湖北、四川、贵州、云南；欧亚大陆温带地区。

【用途】可作造纸及人造纤维工业的原料；能护堤固岸，稳定河床，是良好的水土保持植物。

早熟禾亚科

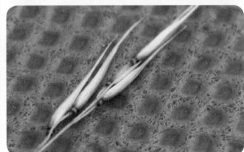

鸭茅属 *Dactylis* L.

21. 鸭茅 *Dactylis glomerata* L.

【特征】多年生疏丛型上繁禾草；秆直立或基部膝曲，单生或少数丛生，高40~120 cm；
叶片扁平，宽4~8 mm；圆锥花序长5~15 cm，分枝单生或基部稀有孪生，小穗
含2~5花，长5~7（9）mm，颖果长卵形；花果期5—8月。

【特性】喜湿润而温凉的气候；耐阴低光效植物。

【生境】海拔1 500~3 600 m的山坡、草地、林下。

【分布】我国新疆（天山及阿尔泰山）及西南各省区；广布于欧亚大陆温带地区，北非、北
美有驯化。

【用途】可刈牧兼用；可用于青贮及作颗粒饲料。

早熟禾亚科

披碱草属 *Elymus* L.

22. 黑紫披碱草 *Elymus atratus* (Nevski) Hand. -Mazz.

【特征】多年生疏丛型禾草；秆直立或基部膝曲上升，高 40~60 cm，较细弱；叶片长 3~10 cm，宽 2 mm，常内卷，基生叶片长约 20 cm，有时生柔毛；穗状花序较紧密，长 5~8 cm，穗轴曲折而下垂，小穗含 2~3 小花，长 8~10 mm，仅 1~2 花发育，成熟后变黑紫色，多少偏于穗的一侧；花果期 6—7 月。

【特性】耐寒性强。

【生境】高山草甸。

【分布】我国四川、西藏，青海、甘肃及新疆。

【用途】是我国高寒地区所特有的优质的牧草，可在高寒牧区栽培驯化。

早熟禾亚科

23. 短芒披碱草 *Elymus breviaristatus* (Keng) Keng f.

【特征】多年生疏丛型禾草；具短而下伸的根状茎；秆直立或基部膝曲，高 70 cm 左右，被蜡粉；叶片扁平，长 6~12 cm，宽 3~5 mm；穗状花序疏松，长 10~15 cm，下垂，小穗含 4~6 小花；花果期 6—7 月。

【特性】喜阳光，耐干旱，适宜在中性或微碱性含腐殖质的沙壤土。

【生境】海拔 3 400~4 200 m 的高山草地。

【分布】我国四川、青海等省。

【用途】刈牧利用均可；可作为补播和改良天然草场的草种加以推广。

早熟禾亚科

24. 圆柱披碱草 *Elymus cylindricus* (Franch.) Honda

【**特征**】多年生疏丛型禾草；秆直立，较细弱，高 35~80 cm，光滑无毛，基部节膝曲；叶片扁平，干后内卷，表面粗糙，背面光滑，长 5~20 cm，宽 2~5 mm；穗状花序直立，瘦细，通常每节具 2 枚小穗，基部和近顶部的仅具 1 枚小穗，含 2~3 小花，仅 1~2 小花发育；颖果椭圆形，淡黄色；花果期 6—8 月。

【**特性**】喜轻度酸性土壤，喜湿、喜肥沃，但也能忍耐一定的盐碱、干旱和风沙。

【**生境**】山坡、林缘草甸、下湿地、沙丘间平地、山间谷地、路旁草地、田野。

【**分布**】我国内蒙古、河北、四川、青海、新疆等省区。

【**用途**】适宜放牧或调制干草。

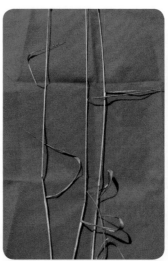

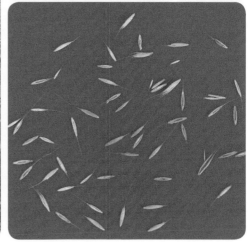

25. 披碱草 *Elymus dahuricus* Turcz.

【特征】多年生疏丛型禾草；根深达 110 cm；秆直立，基部常膝曲，高 70~160 cm；叶片扁平或干后内卷，表面粗糙或疏生短毛，背面光滑；穗状花序直立，较紧密，常具 28~38 个穗节，每节具 3~4 枚小穗，顶端和基部各节具 1~2 枚小穗，小穗含 3~6 小花，颖果椭圆形，褐色，长 5~6 mm，先端密生长柔毛，腹面具槽沟；花果期 7—9 月。

【特性】耐旱、耐寒、耐碱、耐风沙。

【生境】河谷草甸、沼泽化草甸、轻度盐化草甸及田野、山坡、路旁。

【分布】我国东北、华北、西北、河南、四川、广西、贵州；朝鲜、日本、蒙古、中亚、西伯利亚、印度及土耳其。

【用途】可作为人工草地的栽培草种。

早熟禾亚科

26. 青紫披碱草 *Elymus dahuricus* Turcz. var. *violeus* C.P.Wang et H.L.Yang

【特征】多年生疏丛型上繁禾草；秆直立，粗壮；高 1.5~2.2 m，直径 4~5 mm；叶片扁平，长 20~30 cm，宽 8~13 mm，上面粗糙；穗状花序直立，长 20~25 cm，宽 6~10 mm，小穗含 3~5 花，长 12~15 mm，紫色，颖果长椭圆形，深褐色；花果期 7—9 月。

【特性】喜湿润肥沃有良好结构的壤土；结实性能良好；根系发育良好；再生性中等；适应性较强。

【生境】山坡草地、山沟及沟谷草甸。

【分布】我国内蒙古（大青山）及青海（循化）。

【用途】适于大家畜采食和刈割调制干草，采种后的秸秆可作青贮饲料。

早熟禾亚科

27. 肥披碱草 *Elymus excelsus* Turcz.

【特征】多年生疏丛型禾草；秆高大粗壮，高65~155 cm，直径可达9 mm，具5节，平滑无毛；叶片扁平，表面粗糙，背面平滑，长20~40 cm，宽10~20 mm；穗状花序直立，粗壮，长15~25 cm，每节具2~4枚小穗；小穗含4~7小花，颖果椭圆形，长约6 mm，淡黄色；花果期7—9月。

【特性】抗寒性良好；根系发达。

【生境】山坡、草地、草甸、沙丘间凹地、沟旁、溪边及路旁。

【分布】我国东北、华北、西北、四川、河南等地；朝鲜、日本、东西伯利亚。

【用途】是干旱和半干旱地区栽培驯化很有前途的优良牧草。

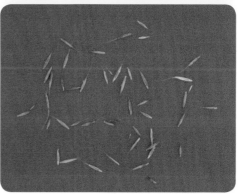

早熟禾亚科

28. 垂穗披碱草 *Elymus nutans* Griseb.

【特征】多年生疏丛型禾草；秆直立，基部稍膝曲，高 50~100 cm；叶片扁平或内卷，表面粗糙或疏生柔毛，背面平滑或有时粗糙，长 5~20 cm，宽 2~10 mm；穗状花序较紧缩，先端垂头，通常小穗偏于一侧，每节具 2 枚小穗，近顶部者具 1 枚小穗，含 3~4 小花，通常仅 2~3 小花发育，颖果长椭圆形，褐色；花果期 6—7 月。

【特性】具有发达的须根，分蘖能力强；具有广泛的可塑性。

【生境】山地森林草原带的林下、林缘灌丛间、草甸、路旁。

【分布】我国内蒙古、河北、陕西、甘肃、青海、四川、新疆、西藏；印度、中亚、西伯利亚、蒙古、土耳其。

【用途】调制青干草或作青贮饲料均可；西北地区可栽培利用。

早熟禾亚科

29. 老芒麦 *Elymus sibiricus* L.

【**特征**】多年生疏丛型禾草；秆直立或基部的节膝曲而稍倾斜，全株粉绿色，高 50~90 cm；叶片扁平，表面粗糙或疏被微柔毛，背面光滑，长 10~20 cm，宽 5~10 mm；穗状花序疏松下垂，每节具 2 枚小穗，有时基部和上部节仅具 1 枚小穗，小穗灰绿色或稍带紫色，小穗含 3~5 小花，颖果褐色，长约 6 mm；花果期 6—8 月。

【**特性**】根系发达，入土较深；再生性稍差；分蘖能力强；对土壤要求不严；结实性能好。

【**生境**】路旁、山坡、丘陵、排水良好的河谷地带，山地林缘及草甸草原。

【**分布**】我国东北、华北、西北、四川、西藏；朝鲜、日本、西伯利亚、蒙古。

【**用途**】是一种很有栽培前途的优良牧草，是建立人工草地的理想草种。

早熟禾亚科

30. 麦薲草 *Elymus tangutorum* (Nevski) Hand. -Mazz.

【**特征**】多年生疏丛型禾草；秆直立，较粗壮，基部略膝曲，高 75~140 cm，具 4~5 节；
叶片扁平，表面粗糙或疏生柔毛，背面平滑；穗状花序直立，较紧密，有时小穗偏
于一侧；绿色稍带紫色，含 3~5 小花，颖果椭圆形，褐色，长约 5 mm；花果期
7—9 月。

【**特性**】较耐旱；根系发育良好；再生性中等；适应性较强。

【**生境**】丘陵坡地、山坡、草地之较干旱地段。

【**分布**】我国内蒙古、山西、陕西、甘肃、青海、四川、新疆及西藏。

【**用途**】可作为栽培草种。

早熟禾亚科

偃麦草属 *Elytrigia* Desv.

31. 长穗偃麦草 *Elytrigia elongata* (Host) Nevski

【**特征**】多年生草本；具向下直伸的根状茎；秆直立，高 60~120 cm，具 3~4 节，坚硬，被白粉，基部残存枯鞘；叶片灰绿色，长 15~30 cm，宽 8~12 mm，上面粗糙或被长柔毛；穗状花序直立，长 10~30 cm；小穗长 1.5~3 cm，含 5~11 小花；花果期 6—8 月。

【**特性**】耐寒、耐旱、耐湿又耐盐碱。

【**分布**】原产欧洲南部和小亚细亚；我国在北方及东部沿海盐碱地上种植。

【**用途**】在黄淮海盐碱地及北方半干旱地区有广泛的利用前景。

早熟禾亚科

32. 中间偃麦草 *Elytrigia intermedia* (Host) Nevski

【特征】 多年生草本；具横走根状茎；秆高 60~100 cm，直径 2~3 mm，具 6~8 节；叶片质地较硬，长 15~35 cm，宽 5~7 mm；穗状花序直立，长 10~20 cm，宽约 5 mm；穗轴节间长 6~15 mm，小穗长 10~15 mm，含 3~6 小花；花果期 6—8 月。

【特性】 抗寒、耐旱、耐盐；喜冷凉气候。

【分布】 原产于东欧；我国在青海、内蒙古、北京及东北等地种植。

【用途】 牧刈兼用，为温带干旱区有发展前途的优等饲用植物。

早熟禾亚科

33. 偃麦草 *Elytrigia repens* (L.) Nevski

【特征】多年生根茎型上繁禾草；秆直立，光滑，质硬，具3~5节，高40~90 cm；叶片扁平，长10~20 cm，宽5~10 mm；穗状花序直立，长7~18 cm，小穗单生于穗轴的每节，小穗含5~7（10）小花，颖果矩圆形，暗褐色，背凸腹凹，长约6 mm；花果期7—8月。

【特性】喜温暖的气候，湿润、疏松、肥沃的土壤；较耐旱、耐碱；根系发达，侵占力强，生长快，再生力强；耐牧与刈割。

【生境】渠旁、岸边、撂荒地。

【分布】我国东北、内蒙古、甘肃、青海，新疆、西藏；中亚、西伯利亚、蒙古。

【用途】刈牧兼用的优等牧草；是建立人工草地的优良草种。

早熟禾亚科

羊茅属 *Festuca* L.

34. 苇状羊茅 *Festuca arundinacea* Schreb.

【特征】多年生疏丛型草本；秆粗壮直立，高 1~1.4 m，分蘖力强，基生叶多，株丛繁茂，叶宽大，深绿色，长 30~70 cm，宽 1~1.2 cm；圆锥花序开展，长 20~30 cm，小穗长 10~13 mm，含 4~5 小花，颖果长 3~4 mm，宽 1~1.3 mm；花果期 7—9 月。

【特性】抗寒；耐热；耐干旱又耐潮湿；适宜在肥沃、潮湿、黏重的土壤上生长。

【生境】海拔 700~1 200 m 的河谷阶地、灌丛、林缘等潮湿处。

【分布】我国新疆；西欧。

【用途】我国北方暖温带的大部分地区及南方亚热带地区建立人工草场及改良天然草场的草种。

早熟禾亚科

35. 高羊茅 *Festuca elata* Keng

【特征】多年生疏丛型禾草；植株较高大粗壮，高 90~150 cm，直径约 2~3 mm，具 3~4 节；叶片扁平，长 10~20 cm，宽 4~7 mm，先端长渐尖，上面与边缘粗糙；圆锥花序疏松开展，长 20~28 cm，基部主枝长达 15 cm，单生于各节，小穗含 2~3 小花，长 7~10 mm，颖果椭圆形，长约 4 mm，顶端有毛茸；花果期 4—8 月。

【特性】喜寒冷潮湿、温暖的气候，在肥沃、潮湿、富含有机质、pH 值为 4.6~8.5 的细壤土中生长良好；耐高温、喜光、耐半阴、耐酸、耐瘠薄、抗病性强。

【生境】山坡林间，林缘及路旁草地。

【分布】我国特有，分布于广西、四川、贵州。

【用途】运动场草坪和防护草坪。

早熟禾亚科

36. 羊茅 *Festuca* ovina L.

【特征】 多年生密丛型下繁禾草；根须状，黑色；秆细瘦，直立，高 15~40 cm；叶片内卷成针状，长 2~6 cm，分蘖叶可达 20 cm，宽约 0.4 mm；圆锥花序紧密呈穗状，长 2~5 cm，分枝常偏向一侧；小穗椭圆形，长 3~6 mm，含 3~6 小花；花果期 6—9 月。

【特性】 耐寒、耐干旱；喜光、不耐阴、不耐盐碱；再生力强，耐牧。

【生境】 山地草原带，山地荒漠草原，山地草甸。

【分布】 我国东北、内蒙古、西北、西南诸省区；欧洲、亚洲及北美的温带地区。

【用途】 可作为山地草原带退化草场的补播草种；也可用于绿化美化。

早熟禾亚科

37. 草甸羊茅 *Festuca pratensis* Huds.

【特征】多年生疏丛型禾草；秆直立，高 70~130 cm；叶片扁平或内卷，长 15~20 cm，宽 3~8 mm，分蘖叶可长达 50 cm；圆锥花序紧缩或稍疏展，长 10~25 cm；小穗长 10~15 mm，含 6~10 小花；花果期 5—7 月。

【特性】喜潮湿、肥沃、黏重的中性壤土，且耐酸、耐碱，植株高大，分蘖力强，叶量丰富；根系发达，能有效地吸收土壤深处的水分，因而长时期缺水也能生长。

【生境】河谷草甸和山地草甸草场。

【分布】我国新疆；欧洲、小亚细亚、中亚、西伯利亚。

【用途】刈牧兼用；可驯化栽培。

早熟禾亚科

38. 紫羊茅 *Festuca rubra* L.

【特征】多年生疏丛型草本；具根状茎；秆直立，高 40~70 cm，2~3 节，基部常倾斜或膝曲；叶片柔软，对折或内卷，细线形；圆锥花序稍疏展，长 4~13 cm，小穗先端紫色，长 7~11 mm，含（3）5~9（10）小花；花果期 6—7 月。

【特性】喜温寒较湿润的气候；抗病、抗虫性较强。

【生境】河滩沟边，灌丛、林下及草甸。

【分布】我国东北、华北、西北、华中、西南；北半球温寒带地区。

【用途】在华东地区可作冬春季放牧型青绿饲料；可做草坪植物。

早熟禾亚科

39. 中华羊茅 *Festuca sinensis* Keng

【特征】多年生疏丛型禾草；秆高 50~80 cm，直径 1~2 mm，具 3~4 节；叶片长 10~18 cm，宽 2~4 mm；圆锥花序疏松开展，长 10~20 cm，分枝长而裸露；小穗长约 9 mm，为宽的 3 倍，含 3~4 小花；花果期 7—9 月。

【特性】分蘖力强；抗寒抗旱性较强；喜沙壤质或轻黏质暗栗钙土壤。

【生境】高山草甸、山坡草地、灌丛、林下。

【分布】我国甘肃、青海、四川。

【用途】适合作为高寒区建立刈牧兼用的人工草场。

早熟禾亚科

大麦属 *Hordeum* L.

40. 短芒大麦草 *Hordeum brevisubulatum* (Trin.) Link

【特征】多年生疏丛型禾草；常具短根茎；秆直立或基部膝曲，高 25~90 cm；叶片长 5~12 cm，宽 2~6 mm；穗状花序成熟时带紫色，长 3~9 cm，宽 2~5 mm，穗轴每节着生小穗 3 枚，两侧小穗发育不全，有柄，中间者无柄；小穗含 1 小花；花果期 6—8 月。

【特性】耐干旱，耐寒冷，耐盐碱。

【生境】河边、草地较湿润的土壤上；也可生于较干燥或微碱性的土壤上。

【分布】我国东北、华北、西北、西藏；中亚、西伯利亚、蒙古、伊朗及巴基斯坦。

【用途】建立人工草场的优良草种；也是改良低湿盐碱化草场的良种。

早熟禾亚科

洽草属 *Koeleria* L.

41. 洽草 *Koeleria cristata* (L.) Pers.

【特征】多年生密丛型下繁禾草；秆直立，高 25~45 cm，花序下密生绒毛；叶片灰绿色，狭窄，常内卷或扁平，宽 1~2 mm；圆锥花序紧缩呈穗状，下部有间断，长 4~12 cm，有光泽，草绿色或黄褐色，主轴及分枝均被柔毛，小穗长 4~5 mm，含 2~3（4）小花；花果期 5—9 月。

【特性】喜中温稍湿润的气候，较耐寒，稍耐旱，抗逆性强，再生力强、耐践踏。

【生境】山坡、草地或路旁。

【分布】我国东北、华北、西北、华中、华东和西南等；欧亚大陆温带地区。

【用途】是一种放牧型的优等牧草，可作为山地草原带改良退化草场的补播草种。

早熟禾亚科

赖草属 *Leymus* Hochst.

42. 窄颖赖草 *Leymus angustus* (Trin.) Pilger

【特征】多年生根茎型禾草；秆直立，单生或丛生，高60~100 cm；叶片质地较厚而硬，粉绿色；穗状花序直立，长6~15（20）cm，宽5~12 mm，穗轴被短柔毛，每节着生2（3）枚小穗，小穗含2~3小花；花果期6—8月。

【特性】耐盐碱，耐践踏，再生力强。

【生境】平原及半荒漠盐渍化的草地上。

【分布】我国新疆、陕西、甘肃及内蒙古；蒙古、中亚和西伯利亚。

【用途】放牧刈割。

早熟禾亚科

43. 羊草 *Leymus chinensis* (Trin.) Tzvel.

【**特征**】多年生根茎型禾草；秆直立，疏丛或单生，高30~90 cm；叶片扁平或内卷，表面及边缘粗糙，背面平滑，长6~20 cm，宽2~6 mm；穗状花序直立，穗轴边缘具纤毛，小穗粉绿色，通常在穗轴每节上孪生或在花序上端及基部者单生，含4~10小花，颖果长椭圆形，长5~7 mm；花果期6—8月。

【**特性**】生态幅度广；地下根状茎发达，繁殖迅速，侵占性强，能形成单纯的羊草草场；再生能力又强，抗逆性强，能耐寒、旱、盐碱、酸，也耐践踏和耐贫瘠。

【**生境**】平原、低山丘陵、河滩及盐渍低地上。

【**分布**】我国东北、华北、西北；日本、朝鲜、蒙古、西伯利亚、中亚。

【**用途**】打草场；可作为栽培牧草，在东北和内蒙古等地区建立了大面积的人工草场。

早熟禾亚科

44. 大赖草 *Leymus racemosus* (Lam.) Tzvel.

【**特征**】多年生草本；具横走的长根状茎；秆高达 1 m，直径约 1 cm；叶片浅绿色，质地硬，长 20~40 cm，宽约 1 cm；穗状花序直立稠密，长 15~30 cm，直径 1~2 cm，穗轴坚硬棱具细毛，小穗轴节间长 3~4 mm，每节具 4~6 枚小穗，小穗含 3~5 小花；花果期 6—9 月。

【**特性**】喜沙植物；耐干旱、耐盐碱和贫瘠，但要求一定的地下水供给。

【**生境**】河流低地、河谷阶地、大湖盆上的半固定沙丘。

【**分布**】我国新疆（阿勒泰、布尔津、哈巴河、吉木乃）、内蒙古；蒙古、西伯利亚。

【**用途**】固定流沙植物。

早熟禾亚科

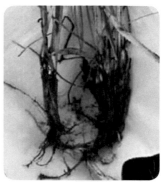

45. 赖草 *Leymus secalinus* (Georgi) Tzvel.

【特征】多年生根茎型禾草；秆直立，单生或丛生，高 40~100 cm，花序下密被柔毛；叶片扁平或内卷，表面及边缘粗糙或具短柔毛，背面光滑或稍粗糙，长 8~30 cm，宽 3~7 mm；穗状花序直立，长 10~14（25）cm，宽 10~17 mm，小穗通常 2~3 枚（1 或 4 枚）着生于穗轴的每节上，长 10~20 mm，含 3~7（10）小花；花果期 6—10 月。

【特性】耐寒、耐旱、耐盐、耐瘠薄；侵占性强。

【生境】沙地、平原绿洲及山地草原带。

【分布】我国东北、华北、西北、四川、西藏；蒙古、中亚和西伯利亚。

【用途】可作为天然草场的补播牧草。

早熟禾亚科

黑麦草属 *Lolium* L.

46. 多花黑麦草 *Lolium multiflorum* Lam.

【特征】一年生或越年生疏丛禾草；高 50~120 cm；具 4~5 节；叶片扁平，长20~30 cm，宽 3~5 mm；穗状花序长 10~25 cm，宽 5~8 mm，小穗以背面对向穗轴，含 10~15 小花，长 12~18 mm，宽约 5 mm；花果期 7—8 月。

【特性】喜温暖湿润气候，壤土，pH 值为 6~7 最适宜；不耐严寒；分蘖多，再生性强。

【分布】原产欧洲南部，我国长江流域以南地区引种栽培。

【用途】绿化、美化环境的优良草种。

早熟禾亚科

47. 黑麦草 *Lolium perenne* L.

【**特征**】多年生疏丛禾草；植株具细弱的根状茎；秆高 30~60 cm，具 3~4 节，质较柔软；叶片柔软，长 10~20 cm，宽 3~6 mm；穗状花序长 10~20 cm，宽 5~7mm，穗轴节间长 5~10 mm；小穗含 7~11 小花，长 10~14 mm；花果期 5—7 月。

【**特性**】喜温暖湿润气候，适宜生长的气温为 20℃左右；再生力强；分蘖多。

【**分布**】原产于欧洲；我国南方多地引种栽培。

【**用途**】可作草坪；可用作保土植物及建立人工牧草地。

早熟禾亚科

臭草属 *Melica* L.

48. 细叶臭草 *Melica radula* Franch.

【特征】多年生密丛型禾草；秆直立，较细弱，高30~40 cm；叶片宽1~2 mm，通常纵卷成线形；圆锥花序极狭窄，小穗稀疏着生，小穗通常含2个孕性小花，顶生不育外稃结成球形；花果期5—8月。

【特性】较耐旱、耐瘠薄土壤。

【生境】海拔350~2 100 m的石砂质土沟边、田野、路旁。

【分布】我国华北、陕西。

【用途】适宜放牧或刈割青饲。

早熟禾亚科

49. 臭草 *Melica scabrosa* Trin.

【特征】多年生密丛型禾草；秆 30~70 cm；叶片扁平，长 20 cm 左右，宽 2~7 mm；圆锥花序狭窄，长 10~16 cm，小穗柄弯曲而具关节，上端具微毛，小穗含 2~4 枚孕性小花及数枚相互包裹成球形的不孕外稃，长 5~7 mm；花果期 5—8 月。

【特性】喜暖热气候，耐旱、耐瘠薄，对土壤要求不严。

【生境】生于海拔 200~3 300 m 的山坡草地、荒芜田野、渠边路旁。

【分布】我国东北、华北、西北、西南、华中、华东；朝鲜。

【用途】可刈割青饲。

早熟禾亚科

蔽草属 *Phalaris* L.

50. 蔽草 *Phalaris arundinacea* L.

【特征】多年生根茎型上繁禾草；地下横走根状茎粗壮，带红色；秆较粗壮，高60~200 cm；叶片扁平，宽5~15 mm，灰绿色；圆锥花序紧密，狭窄，分枝密生小穗，小穗两侧压扁，长4~5 mm，含3小花，下部两花退化仅具不孕外稃，顶生小花为两性，颖果长卵形，褐色，长1.5 mm；花果期6—8月。

【特性】喜湿润，较耐寒、耐涝，喜肥沃土壤，不耐盐碱。

【生境】河滩，林缘，中山带河谷及阶地。

【分布】我国东北、华北、华东、华中、新疆、甘肃、陕西诸省区；全球温带地区。

【用途】可刈割调制干草；可栽培利用；秆可编织用具或造纸。

早熟禾亚科

梯牧草属 *Phleum* L.

51. 假梯牧草 *Phleum phleoides* (L.) Karst.

【特征】多年生疏丛型禾草；具短根茎；秆直立，多数丛生，高 30~100 cm，基部无球状膨大；叶片扁平，边缘粗糙或具微小刺毛，长 4~8 cm，宽 3~5 mm；圆锥花序狭窄呈圆柱形，灰绿色，长 5~12 cm；小穗长圆形，含 1 小花；花果期 6—9 月。

【特性】秆细叶多，适口性好。

【生境】海拔 800~2 550 m 的山坡草地、灌丛及林缘。

【分布】我国新疆北部；欧亚两洲寒温带。

【用途】可用于放牧或割草。

早熟禾亚科

52. 梯牧草 *Phleum pratense* L.

【特征】 多年生疏丛型上繁禾草；秆直立，高 50~120 cm，基部之节呈球状膨大；叶片扁平，粗糙，长 10~30 cm，宽 3~8 mm；圆锥花序圆柱形，灰绿色，长 4~15 cm，粗 5~8 mm；小穗长圆形，含 1 小穗，颖果尖卵形，灰白色；花果期 6—8 月。

【特性】 喜温湿的气候，耐寒性较强，耐阴，对水分要求较高，在壤质和轻壤质土壤上生长最为适宜，且耐酸性土壤，适宜 pH 值 4.9~7。再生力较差，不耐践踏和放牧。

【生境】 海拔 1 800 m 的草原及林缘。

【分布】 我国新疆；中亚和西伯利亚、欧亚大陆温带地区。

【用途】 刈割型牧草；在我国北方和南方温凉湿润的地方适宜引种栽培。

早熟禾属 *Poa* L.

53. 草地早熟禾 *Poa pratensis* L.

【特征】多年生根茎型禾草；秆直立，高 30~75 cm；叶片扁平，长 6~15 cm，蘖生者长可超过 40 cm，宽 2~5 mm；圆锥花序开展，长 10~20 cm，每节具 3~5 分枝，小穗长 4~6 mm，含 2~5 小花，颖果长 2 mm；花果期 6—8 月。

【特性】适宜生长在冷湿的气候环境；对土壤的适应广泛，最适宜肥沃、结构和排水良好的土壤，也能耐瘠薄土壤。

【生境】草甸、草甸化草原、山地林缘及林下。

【分布】我国东北、华北、西北、山东、四川、江西；欧洲、蒙古、朝鲜、日本。

【用途】温带地区广泛利用的优质、冷地草坪草。

早熟禾亚科

54. 硬质早熟禾 *Poa sphondylodes* Trin.

【**特征**】多年生密丛型禾草；秆高 30~70 cm；叶片狭窄，长约 10 cm，宽约 1 mm；圆锥花序狭窄稠密，长约 10 cm，宽约 1 cm，小穗含 4~6 花；花果期 6—8 月。

【**特性**】喜阳光，耐寒、耐旱，生态幅度广，对土壤要求不严。

【**生境**】山坡草原干燥沙地。

【**分布**】我国东北、华北、西北、华东和四川西北部；西伯利亚、蒙古。

【**用途**】刈草或放牧兼用。

早熟禾亚科

沙鞭属 *Psammochloa* Hitchc.

55. 沙鞭 *Psammochloa villosa* (Trin.) Bor

【特征】 多年生根茎型高大禾草；横走根茎长达 27 m；秆直立，粗壮，高 80~200 cm；
叶片坚韧，扁平或内卷，长达 50 cm，宽 1~1.2 cm；圆锥花序直立，长 25~60
cm，小穗披针形，具短柄，含 1 小花，颖果长 5~8 mm，棕黑色；花果期 5—9
月。

【特性】 沙生植物，不适宜盐渍化土壤；耐干旱，不怕风吹和沙埋，繁殖力强。

【生境】 生于沙丘上，海拔 910~2 900 m。

【分布】 我国内蒙古、陕西、宁夏、甘肃、青海及新疆等省区；蒙古。

【用途】 颖果可以作精饲料；良好的固沙植物，可利用种子或根茎进行人工栽培，在荒漠、
半荒漠区作饲用或固沙。

早熟禾亚科

新麦草属 *Psathyrostachys* Nevski

56. 新麦草 *Psathyrostachys juncea* (Fisch.) Nevski

【特征】多年生草本；具短而强壮的根状茎；秆直立，成密丛，高 30~100 cm；叶片质软，长约 10（20）cm，宽 7~12 mm；穗状花序稠密，长 9~12 cm，宽约 4 mm，穗轴脆，易断落，小穗 2~3 枚生于穗轴的每节，长 8~11 mm，含 2~3 小花；花果期 5—9 月。

【特性】抗寒、耐旱、耐盐碱。

【生境】山地草原。

【分布】我国新疆天山、阿尔泰山、昆仑山以及西藏；蒙古、中亚和西伯利亚及欧洲。

【用途】刈牧兼用型；具有驯化栽培前途；用来改良干旱和半干旱区草场。

碱茅属 *Puccinellia* Parl.

57. 朝鲜碱茅 *Puccinellia chinampoensis* Ohwi

【特征】 多年生丛生禾草；根系发达；秆直立，高 50~70 cm；叶片线形，扁平或内卷，长 3~9 cm，宽 2~3 mm，上面微粗糙；圆锥花序开展，长 10~15 cm，每节有 2~5 分枝，小穗长圆形，灰紫色，长 4.5~6 mm，含 5~7 小花；花果期 6—7 月。

【特性】 耐盐碱、耐干旱；分蘖多。

【生境】 海拔 500~2 500（3 500）m 较湿润的盐碱地和湖边、滨海的盐渍土上。

【分布】 我国东北、华北、山东、江苏、青海及宁夏；朝鲜。

【用途】 在盐渍化土壤建立人工草地的重要草种，可改良草地碱斑。

早熟禾亚科

58. 星星草 *Puccinellia tenuiflora* (Griseb.) Scribn.et Merr.

【特征】多年生疏丛型禾草；秆直立或倾斜上升，下部膝曲，浅绿色，高 30~60（90）cm，直径约 1 mm；叶层高 20~50 cm，叶片通常内卷，宽 1~3 mm，长 10~15（20）cm；圆锥花序尖塔形，疏展，长 7~20 cm，分枝微粗糙，小穗长（2）3~4 mm，含 3~4 小花，颖果棕褐色；花果期 6—8 月。

【特性】抗旱性强；耐低温；抗盐碱；对土壤要求不严，有广泛的可逆性，耐瘠薄；分蘖力强；喜湿润微碱性土壤。

【生境】海拔 500~4 000 m 的草原盐化湿地、固定沙滩、沟旁渠岸草地上。

【分布】我国东北、华北和新疆；蒙古、中亚和西伯利亚。

【用途】可作为盐化放牧场的补播牧草，适宜在轻度盐碱化土壤上栽培。

早熟禾亚科

鹅观草属 *Roegneria* C.Koch.

59. 纤毛鹅观草 *Roegneria ciliaris* (Trin.) Nevski

【**特征**】多年生疏丛型上繁禾草；秆高 40~70 cm；叶片扁平，长 5~15 cm，宽 3~9 mm，两面无毛，边缘粗糙；穗状花序直立或下垂，长 10~20 cm，小穗含 7~12 小花，长 15~20 mm；花果期 6—8 月。

【**特性**】喜温暖而湿润的环境；分蘖力较强；耐寒性较强。

【**生境**】山坡、路旁和湿润草地。

【**分布**】我国南北各省区；朝鲜、日本。

【**用途**】适于在春夏营养期放牧和刈草利用。

早熟禾亚科

60. 直穗鹅观草 *Roegneria gmelinii* (Ledeb.) Kitag.

【特征】多年生疏丛型禾草；秆高 60~120 cm，直径 1.5~2 mm；叶片扁平，长 10~20 cm，宽 4~8 mm，分蘖叶长达 20 cm，上面被细毛；穗状花序直立，长 10~15 cm，小穗含 5~7 小花；花果期 6—9 月。

【特性】喜土层深厚、结构良好、水肥条件较好的黑钙土、山地灰褐土和森林土。

【生境】海拔 1 350~2 300 m 的山坡草地、林中沟边、平坡地。

【分布】我国东北、华北、西北各省区；蒙古、中亚及西伯利亚。

【用途】适宜于放牧与刈草利用；有引种驯化前途。

61. 鹅观草 *Roegneria kamoji* Ohwi

【**特征**】 多年生草本；秆丛生，高 50~100 cm；叶片扁平，长 10~40 cm，宽 5~
15 mm；穗状花序长 10~20 cm，下垂，小穗含 5~9 小花；花果期 5—8 月。

【**特性**】 分蘖力强；生态幅比较宽。

【**生境**】 在海拔 100~2 300 m 的山坡和湿润草地。

【**分布**】 我国青海、西藏外，几乎遍及全国；日本、朝鲜。

【**用途**】 饲鹅；良好的水土保持植物。

早熟禾亚科

62. 青海鹅观草 *Roegneria kokonorica* **Keng**

【**特征**】多年生草本；秆30~50（120）cm，花序以下部分被柔毛；茎生叶直立，长2~8 cm，基生分蘖叶片密集，长15~20 cm，常内卷；穗状花序紧密，直立，长5~6 cm，穗轴节间密生柔毛，小穗含3~4（6）花，长8~10 mm，带紫色；花果期6—8月。

【**特性**】分蘖力强；对干旱、低温、温差大的气候具有很强的适应性。

【**生境**】高山草甸的山坡、沟边及碎石坡地。

【**分布**】我国青海、甘肃及西藏。

【**用途**】是高海拔地区建立人工割草地的较好牧草。

63. 垂穗鹅观草 *Roegneria nutans* (Keng) Keng

【**特征**】多年生丛生上繁禾草；秆细瘦，质硬，高 50~70 cm，基部分蘖密集形成根头；叶片长 2~6 cm，分蘖叶片长逾 10 cm，宽 1~2.5 mm，内卷，上面疏生柔毛；总状花序下垂，长 4~7 cm，穗轴细弱，弯曲作蜿蜒状，有 3~10 枚小穗，基部数节常无小穗，小穗含 3~4 花，长 10~15 mm，带紫色；花果期 7—9 月。

【**特性**】耐土壤瘠薄，具有抗旱能力；分蘖力强。

【**生境**】草地、河滩草甸、沟谷、阳坡、阴坡灌丛林下。

【**分布**】我国四川、云南、西藏、甘肃、青海、新疆及内蒙古。

【**用途**】是天然草场放牧利用的优等牧草；可栽培驯化。

早熟禾亚科

黑麦属 *Secale* L.

64. 黑麦 *Secale cereale* L.

【特征】一年生或越年生谷饲兼用禾草；秆高约 1 m；具 6~7 个扁平宽大的叶片；穗状花序长 10~15 cm，小穗单生于穗轴各节，含 2~3 小花，颖果长圆形；花果期 5—6 月。

【特性】喜冷凉气候；抗寒性强；不耐高温和湿涝；对土壤要求不严，但以沙壤土生长良好，不耐盐碱；耐瘠薄。

【分布】我国新疆，西北、东北、华北山地有种植；俄罗斯、欧洲北部、美国、加拿大也有栽培。

【用途】可调制干草或作青贮饲料，是优良的放牧与刈草兼用型禾草；种子可为精饲料；适宜在我国亚热带山地种植。

早熟禾亚科

针茅属 *Stipa* L.

65. 异针茅 *Stipa aliena* Keng

【**特征**】多年生密丛型禾草；秆高 20~40 cm，具 1~2 节；叶片纵卷成线形，上面粗糙，下面光滑，基生叶 10~25 cm；圆锥花序紧缩，长 10~15 cm，分枝上部着生 1~3 个小穗，基部主枝长约 5 cm，小穗柄长 0.2~1 cm，顶生者长达 2 cm，小穗长 10~13 mm，带紫色，颖果圆柱形，长约 5 mm，具浅腹沟；花果期 7—9 月。

【**特性**】耐干旱。

【**生境**】高山阳坡灌丛草甸、冲积扇或河谷阶地上，海拔 2 900~4 600 m。

【**分布**】我国四川西北部、西藏、青海及甘肃。

【**用途**】草原或草甸草原地区的优良牧草。

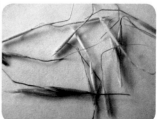

早熟禾亚科

66. 短花针茅 *Stipa breviflora* Griseb.

【**特征**】多年生密丛型禾草；秆直立，有时基部膝曲，高 30~60 cm；叶片卷如针状，表面光滑，背面脉上具短刺毛；圆锥花序下部被顶生叶鞘包裹，小穗稀疏，颖果长圆柱形，长约 4.5 mm；花果期 5—7 月。

【**特性**】耐旱，对风沙适应性强；再生快；耐牧、耐踏。

【**生境**】海拔 700~4 700 m 的石质山坡、干山坡或河谷阶地上。

【**分布**】我国华北、西北、四川及西藏；蒙古、中亚及尼泊尔。

【**用途**】是荒漠草原带重要的天然放牧场。

早熟禾亚科

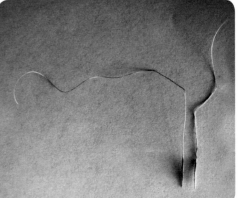

67. 长芒草 *Stipa bungeana* **Trin.**

【**特征**】 多年生密丛型禾草；秆直立或斜升，基部膝曲，高 20~60 cm；叶片纵卷呈针状，表面光滑，背面脉上被短刺毛；圆锥花序基部被顶生叶鞘包裹，成熟后伸出鞘外，小穗稀疏，长 10~15 mm，颖果长圆柱形，长约 3 mm；花果期 6—7 月。

【**特性**】 耐干旱；耐践踏。

【**生境**】 海拔 500~4 000 m 的石质山坡，黄土丘陵，河谷阶地或路旁。

【**分布**】 我国华北、黄土高原、青海、新疆及西藏；蒙古、日本。

【**用途**】 是草原或森林草原地区夏季草场主要牧草。

早熟禾亚科

68. 针茅 *Stipa capillata* **L.**

【特征】多年生密丛型禾草；秆高 40~60（90）cm；叶片内卷呈细线形，基生叶长 10~20 cm，秆生叶长 4~8（10）cm；圆锥花序长 10~25 cm，下部为叶鞘所包，外稃长 10~12 mm，与芒的关节处无毛，芒二回膝曲，无毛，第一芒柱长 3.5~5 cm，第二芒柱长 1.2~2 cm，芒针卷曲，长 7~12 cm，基盘尖锐，长约 3 mm，具淡黄色柔毛；结实期 7—8 月。

【特性】耐干旱，适宜在中性和微碱性的黑钙土、栗钙土上生长；耐牧性强。

【生境】海拔 1 000~2 300 m 的山间谷地、准平原或石质性向阳山坡。

【分布】我国甘肃西部和新疆北部；蒙古、中亚和西伯利亚及欧洲。

【用途】草原型放牧场的中质牧草。

早熟禾亚科

69. 戈壁针茅 *Stipa gobica* Roshev.

【特征】多年生密丛型禾草；秆斜升或直立，基部膝曲，高 20~50 cm；叶片表面光滑，背面被短刺毛；圆锥花序下部被顶生叶鞘包裹，小穗绿色；花果期 6—7 月。

【特性】耐旱性极强。

【生境】砾石质山地、丘陵荒漠草原。

【分布】我国华北、西北；蒙古。

【用途】最适宜放牧山羊。

早熟禾亚科

70. 大针茅 *Stipa grandis* P. Smirn.

【特征】 多年生密丛型禾草；秆直立，高50~100 cm；叶片纵卷似针状，表面光滑，背面
密生短刺毛；圆锥花序基部包于叶鞘内，长20~50 cm，2~4枝簇生，小穗稀疏，
颖果圆柱形，长10 mm；花果期7—8月。

【特性】 耐盐性强；根系发达。

【生境】 温带干草原的重要建群种，在草甸草原带的低山，丘陵也成为优势种。

【分布】 我国东北（松辽平原）、华北、陕西、宁夏、甘肃、青海等省区；蒙古、东西伯利
亚及外贝加尔。

【用途】 不仅可以作为放牧地，也是较好的天然割草地。

早熟禾亚科

71. 西北针茅 *Stipa krylovii* Roshev.

【特征】多年生密丛型禾草；秆直立，无毛，高 30~70 cm；叶片纵卷呈线状，表面光滑，背面粗糙；圆锥花序基部包于叶鞘内，长 10~30 cm，2~4 枝簇生，小穗稀疏，颖果圆柱形，长 6~6.5 mm；花果期 7—8 月。

【特性】喜暖、耐旱、分布范围较广；不耐盐，耐践踏。

【生境】温带干草原带和荒漠区山地草原。

【分布】我国东北辽河平原、华北北部、西北及西藏；蒙古、西伯利亚。

【用途】为重要的天然放牧场。

早熟禾亚科

画眉草亚科
Eragrostoideae

虎尾草属 *Chloris* Sw.

72. 虎尾草 *Chloris virgata* Sw.

【特征】一年生丛生型小禾草；秆基部倾斜或膝曲，高 5~30（45）cm，具 3~5 节；叶片扁平，长 5~15 cm，宽 2~6 mm；穗状花序长 3~6 cm，4~8 枚簇生于茎顶，小穗含 2 小花，长 3~4 mm，着生于穗轴的一侧，颖果长 1.8 mm；花果期 7—9 月。

【特性】根系发达；耐盐碱性很强。

【生境】农田间隙荒地、路旁、浅洼地、干河床、干湖盆。

【分布】我国南北各省区；全世界的热带和温带地区。

【用途】是改良碱化草原的先锋植物。

画眉草亚科

狗牙根属 *Cynodon* Rich.

73. 狗牙根 *Cynodon dactylon* (L.) Pers.

【特征】多年生草本；有根状茎；秆匍匐地面，节明显，自节生须根及分枝，直立部分高达10 cm以上；叶片线形，宽1~3 mm；穗状花序3~6个指状排列于茎顶，小穗排列于穗轴的一侧，长2~2.5 mm，含1小花；花果期5—10月。

【特性】喜热不耐寒；具有强大的营养繁殖力，根茎蔓延力很强，广铺地面。

【生境】村庄附近、道旁河岸、荒地山坡。

【分布】我国黄河流域以南；广布全球温带地区。

【用途】为良好的固堤保土植物，常用以铺建草坪或球场；全草可入药，有清血、解热、生肌之效。

画眉草属 *Eragrostis* Beauv.

74. 大画眉草 *Eragrostis cilianensis* (A11.) Link

【**特征**】一年生丛生禾草；秆高 40~90 cm，具 4~5 节，节下常有一圈腺体中等叶片长 10~20 cm，宽 3~6 mm；圆锥花序长 10~20 cm，分枝单生，粗壮，小枝与小穗柄上均有黄色腺体，小穗长 5~10 mm，宽 2.5~3 mm，含 6 至多数小花；花果期 7—10 月。

【**特性**】生长速度快，种子繁殖率高，易繁殖。

【**生境**】荒芜草地、田园、路旁。

【**分布**】我国南北各省区；全世界广布。

【**用途**】可作青饲料或晒制牧草。

画眉草亚科

75. 小画眉草 *Eragrostis minor* Host

【特征】一年生丛生禾草；秆高 30~60 cm；秆节、叶鞘、叶片、花序分枝与小穗柄、颖与外稃脊上均具腺点；小穗较窄，宽仅 1.5~2 mm；花果期 8—10 月。

【特性】易种子繁殖，炎热多雨的夏季可以达到最活跃的生长发育高峰。

【生境】田园、草地、路旁、荒芜地上。

【分布】几遍中国；全球广布。

【用途】放牧场上优等牧草。

画眉草亚科

76. 画眉草 *Eragrostis pilosa* (L.) Beauv.

【**特征**】一年生疏丛生禾草；秆高 20~60 cm；叶片条形，扁平，长 10~20 cm，宽
2~3 mm；圆锥花序长 20 cm 左右，基部分枝近轮生，枝腋生长柔毛，小穗含
4~12 小花；花果期 6—9 月。

【**特性**】季节性强，属于夏雨型禾草，产量随雨量的增减而变化，雨水充沛时可在草群中形
成一年生禾草层片。

【**生境**】田野、路旁、荒芜草地和沙漠地区。

【**分布**】全国各地；广布于全世界热带和温带地区。

【**用途**】为优良饲料；药用治跌打损伤。

画眉草亚科

结缕草属 *Zoysia* Willd.

77. 结缕草 *Zoysia japonica* Steud.

【特征】多年生根茎型禾草；秆直立，高约 15 cm；叶片条状披针形，常扁平，宽约 5 mm；总状花序长 2~6 cm，宽 3~5 mm，小穗卵形，两侧压扁，长 3~3.5 mm，含 1 小花；花果期 5—8 月。

【特性】分蘖能力强；耐干旱；再生性强。横走根茎，易于繁殖。

【生境】平原、山坡或海滨草地上。

【分布】我国东北至华东地区；朝鲜、日本。

【用途】宜于放牧，非常好的猪饲料；可作为人工放牧草地的栽培草种；适作草坪。

画眉草亚科

黍亚科
Panicoideae

野古草属 *Arundinella* Raddi.

78. 野古草 *Arundinella hirta* (Thunb.) Koidz.

【特征】多年生草本；根状茎密被鳞片；秆直立，高 70~140 cm；叶片扁平或内卷，长 10~30 cm，宽 5~15 mm；圆锥花序长 10~30 cm，小穗孪生，长 3.5~5 mm；花果期 8—10 月。

【特性】适应性强，喜稍潮湿的环境；再生性较强；具有强壮的横走根茎，繁殖迅速。

【生境】草甸草原、山地草甸以及草坡、溪边。

【分布】我国各地；东西伯利亚、蒙古、朝鲜、日本。

【用途】秆叶可用作造纸原料；可用作固堤护坡植物。

黍亚科

薏苡属 *Coix* L.

79. 薏苡 *Coix lacryma-jobi* L.

【特征】一年生中型至大型禾草；秆高约 1.5 m，有的品种高达 2~3 m；叶宽大，长
30~50（100）cm，宽 1.5~3 cm；总状花序成束腋生，小穗单性，雄小穗排
列于总状花序上部，雌小穗位于总状花序基部，只 1 枚无柄小穗结实，颖果长
5~10 mm，宽 4~8 mm；花果期 6—12 月。

【特性】喜温暖而湿润气候；植株高大，分蘖能力强，再生性强。

【生境】湿润的屋旁、池塘、河沟、山谷、溪涧或易受涝的农田等地方，海拔
200~2 000 m 处常见，野生或栽培。

【分布】我国南方各地；印度。

【用途】种子为药用，亦是美味价值较高的药用食品。

黍亚科

马唐属 *Digitaria* Haller

80. 升马唐 *Digitaria ciliaris* (Retz.) Koel.

【特征】一年生草本；秆基部横卧地面，节处生根和分枝，高 30~90 cm；叶鞘常短于其节间，多少具柔毛；叶片线形或披针形，长 5~20 cm，宽 3~10 mm，上面散生柔毛，边缘稍厚，微粗糙；总状花序 5~8 枚，长 5~12 cm，呈指状排列于茎顶，穗轴宽约 1 mm，边缘粗糙，小穗披针形，长 3~3.5 mm，孪生于穗轴的一侧；花果期 5—10 月。

【特性】喜温暖湿润。

【生境】路旁、荒野、荒坡。

【分布】我国南北各省区；全世界热带和温带地区。

【用途】刈牧兼用。

黍亚科

81. 紫马唐 *Digitaria violascens* Link

【特征】一年生草本；秆高 20~70 cm；叶条状披针形，宽 3~7 mm；总状花序 2~7 个，呈指状排列，小穗椭圆形，呈两行排列于穗轴的一侧，长 1.6~2 mm；花果期 7—11 月。

【特性】喜温暖湿润。

【生境】海拔 1 000 m 左右的山坡草地、路边、荒野。

【分布】我国长江流域以南各地；美洲及亚洲的热带地区。

【用途】适宜调制干草。

黍亚科

82. 长芒稗 *Echinochloa caudata* Roshev.

【特征】一年生疏丛型禾草；秆直立，高 50~120（150）cm，下部常膝曲；叶片扁平，宽条形；圆锥花序顶生，稍紧密，暗紫色，小穗通常含 2 花，先端延伸出长3~5 cm 的粗壮长芒，谷粒椭圆形，白色、淡黄色或棕色，先端具小尖头；花果期6—9 月。

【特性】湿中生或湿生植物。

【生境】森林草原地带湿润的低湿地、山地沟谷、山麓溪缘、路边、宅旁，水田旁。

【分布】遍及我国各地；朝鲜、日本、西伯利亚和蒙古北部。

【用途】籽粒可供人食用或作精饲料。

黍亚科

稗属 *Echinochloa* Beauv.

83. 光头稗 *Echinochloa colonum* (L.) Link

【特征】 一年生草本；秆基部可分枝，高 10~40 cm；叶片条形或条状披针形；圆锥花序狭窄，直立，分枝单纯，上举或紧贴主轴，小穗长 2~2.5 mm，紧密排列于穗轴的一侧，有短硬毛，无芒，含 2 小花；花果期 6—9 月。

【特性】 湿中生植物。

【生境】 田野间、湿地、路旁。

【分布】 我国华东、华南、西南及新疆；全世界温暖地区。

【用途】 籽粒可制糖或酿酒；全草为牲畜的青饲料。

黍亚科

84. 稗 *Echinochloa crusgalli* (L.) Beauv.

【**特征**】一年生疏丛型禾草；秆直立，基部倾斜或膝曲，高 40~150 cm。叶片宽条形，扁平。花序由穗形总状花序组成圆锥花序，较疏松，常带紫色，直立或略弯垂，小穗密集簇生于穗轴的一侧，长 3.5~5 mm，含 2 小花，芒长 0.5~1.5（3）cm，谷粒椭圆形，白色，淡黄色或棕色，具小尖头；花果期 8—9 月。

【**特性**】分蘖力强；根系发达，再生性很强。

【**生境**】低洼潮湿的沼泽草甸与河溪、沟渠旁边。

【**分布**】我国南北各地；全球热带和温带地区。

【**用途**】草料兼收的饲料作物；谷粒产量高，可做精饲料。

黍亚科

85. 湖南稷子 *Echinochloa crusgalli* (L.) Beauv. var. *frumentacea* (Roxb.) W. F. Wight

【特征】一年生高大草本；茎高 1~3 m，直径 8~12 mm，约具 10 节，节间长 15~25 cm，分蘖较多，每株 6~16 枚；叶片条状披针形，挺立，长 40~60 cm，宽 2.5~3.5 cm；圆锥花序直立，主轴具棱；小穗宽卵形，无芒，长 3~4 mm，颖果谷粒状，露出颖外；花果期 8—10 月。

【特性】分蘖力较强；再生性较弱；抗倒伏能力强；对气候的适应范围广；耐盐碱性较强。

【分布】我国宁夏大面积栽培；澳大利亚也有栽培。

【用途】为高产草料兼用作物。

黍亚科

牛鞭草属 *Hemarthria* R. Br.

86. 扁穗牛鞭草 *Hemarthria compressa* (L.f.) R. Br.

【特征】多年生具匍匐根状茎禾草；根系集中在 5~100 cm 深层土中；秆高 1.5~3 m，具 15 节以上，节间长 1.5（基部）~9 cm（中部），节隆起；叶片长约 22 cm，宽 7 mm；总状花序长 5~8 cm，穗轴韧而不易断落，小穗孪生，有柄小穗不孕，无柄小穗两性；花果期 6—9 月。

【特性】喜温暖湿润气候；再生性好；喜炎热，耐低温，耐水淹。

【生境】海拔 2 000 m 以下的田边、路旁湿润处。

【分布】我国广东、广西、云南；印度、中南半岛各国。

【用途】可青贮和刈制青干草；建立人工草地。

黍亚科

白茅属 *Imperata* Cyr.

87. 白茅 *Imperata cylindrica* (L.) Beauv. var. *major* (Nees) C. E. Hubb.

【特征】多年生根茎型禾草；根茎密被鳞片；秆直立，高 30~80 cm；叶片扁平，平滑或下部粗糙，长 10~50 cm，宽 2~8 mm；圆锥花序圆柱状，长 5~20 cm，宽 1.5~3 cm，穗轴不断落，小穗孪生，1 具长柄，1 具短柄；花果期 4—6 月。

【特性】喜中等湿润环境，但耐水淹和干旱；适应各种土壤；喜光植物，但能耐阴；根茎发达，蔓延能力很强。

【生境】路旁、撂荒地、火烧后的迹地、山坡、草甸、沙地、河谷两岸、地埂。

【分布】几遍中国；亚洲热带、亚热带地区、东非及大洋洲。

【用途】可放牧或刈草兼用。

芒属 *Miscanthus* Anderss.

88. 五节芒 *Miscanthus floridulus* (Labil.) Warb.

【特征】多年生密丛型高大禾草；秆高 130~400 cm，直立粗壮，节下具白粉，无毛；叶片条状披针形，中肋明显，长 1 m 左右，宽 2~3 cm；圆锥花序大型，长 30~50 cm；主轴长达花序的 2/3 以上，总状花序长 10~20 cm，穗轴不断落，节间与小穗柄无毛，小穗长 3~3.5 mm，孪生，一柄长，一柄短，均结实，同形；花果期 5—10 月。

【特性】喜温暖湿润气候；可耐 pH 值为 4 的酸性土壤，有一定的耐阴性。

【生境】海拔 1 000 m 以下山坡草地、丘陵山地、沟谷、路旁、村旁、田坎。

【分布】我国华南、西南及中南；东南亚及大洋洲。

【用途】可作为饲料；秆可作造纸原料；是山区良好的水土保持植物；根状茎可药用。

黍亚科

89. 荻 *Miscanthus saccharifolrus* (Maxim.) Benth.

【**特征**】多年生草本；具发达被鳞片的长匍匐根状茎；秆直立，高 1~1.5 m，直径约 5 mm，具 10 多节；叶片扁平，宽线形；圆锥花序疏展成伞房状，长 10~20 cm，宽约 10 mm，主轴无毛，具 10~20 枚较细弱的分枝，腋间生柔毛，直立而后开展；总状花序轴节间长 4~8 mm，小穗线状披针形，长 5~5.5 mm，颖果长圆形，长 1.5 mm；花果期 8—10 月。

【**特性**】繁殖力强；耐瘠薄土壤。

【**生境**】海拔 1 000 m 以下平原湿地、山坡谷地、水边、滩地。

【**分布**】我国东北、华北及山东；朝鲜、日本。

【**用途**】可造纸；优良防沙护坡植物。

黍亚科

90. 芒 *Miscanthus sinensis* Anderss.

【特征】多年生密丛型高大禾草；秆直立，高 100~200 cm；叶片条状披针形，长 1 m 左右，宽约 1 cm，边缘有坚硬锯齿；圆锥花序扇形，长 10~40 cm，由疏展、细弱的总状花序 30~50 个聚集而成；花果期 7—12 月。

【特性】侵占力强，能迅速形成大面积草地；喜湿润，但能耐干旱，对温度要求不严；适应多种土壤类型，具有很强的适应性和再生能力。

【生境】海拔 1 800 m 以下的山地、丘陵和荒坡原野。

【分布】中国江苏、浙江、江西、湖南、福建、台湾、广东、海南、广西、四川、贵州、云南等省区；朝鲜、日本。

【用途】良好的割草型牧草；有良好的水土保持作用；可作为造纸原料及其他工业用品。

黍亚科

河八王属 *Narenga* Burkill.

91. 河八王 *Narenga porphyrocoma* (Hance ex Trin.) Bor

【特征】多年生密丛型高大禾草；秆高 2~3 m，花序下有丝状柔毛；叶片条形，长达 1 m，宽 12 mm；圆锥花序狭长，紫色，长 25~40 cm，总状花序具多节，穗轴逐节断落；小穗成对，一有柄，一无柄，皆同形且结实，长约 3 mm；花果期 8—11 月。

【特性】耐干旱瘠薄。

【生境】山坡草地。

【分布】我国华东、华南及西南各省区；印度及东南亚。

【用途】甘蔗的杂交亲本。

黍属 *Panicum* L.

92. 稷 *Panicum miliaceum* L.

【特征】一年生疏丛草本；秆直立，高60~150 cm；叶片扁平，长20~40 cm，宽达15 mm；圆锥花序开展或较紧密，成熟后下垂，长约30 cm，小穗长4~5mm，含2小花，仅第二小花结实；花果期7—10月。

【特性】早熟性作物；具短日照性；有发达的须根；喜温性植物；较耐盐碱，在pH值为8~9的土壤上能良好地生长。

【分布】原产于我国北方；俄罗斯、波兰、美国等地区也有栽培。

【用途】既是粮食作物，也是良好的饲料和饲草。

黍亚科

雀稗属 *Paspalum* L.

93. 毛花雀稗 *Paspalum dilatatum* Poir.

【特征】多年生具短根状茎禾草；秆粗壮，高 0.5~1.5 m；叶片长 10~25 cm，宽 3~12 mm；总状花序长 5~8 cm，4~10 枚疏生在长穗轴上，形成大型圆锥花序，小穗长 3~3.5 mm；花果期 5—7 月。

【特性】喜温暖湿润的气候；是亚热带牧草中抗寒力强的牧草；抗旱；耐水淹；在 pH 值为 4.6~6 的酸性红壤、黄壤中均能生长；再生力强。

【分布】原产南美，现被热带、亚热带许多国家和地区引种栽培。

【用途】用作水土保持和军事工程的覆被植物。

黍亚科

94. 双穗雀稗 *Paspalum distichum* L.

【特征】多年生根茎型禾草；匍匐茎地面横生，长达 100 cm，扁压具条棱，节密被毛茸，花枝高 20~50 cm；叶片扁平，质地较柔而薄，长 3~14 cm，宽 2~6 mm；总状花序 2 枚，生于主轴顶端；小穗两行排列，椭圆形，长 2.5~3 mm；花果期 5—9 月。

【特性】喜潮湿热带气候；耐盐渍及水淹，可在盐沼中生长；耐践踏；再生性强。

【分布】原产非洲和美洲，现广泛分布于热带及亚热带地区。

【用途】可作人工放牧地或刈草地。

黍亚科

95. 百喜草 *Paspalum notatum* Flugge

【**特征**】多年生密丛禾草；具粗壮、木质、多节的根状茎；秆高约 80 cm；叶片长 20~30 cm，宽 3~8 mm，扁平或对折，平滑无毛；总状花序长 7~16 cm，斜展，小穗卵形，长 3~3.5 mm；花果期 9 月。

【**特性**】耐瘠薄，耐干旱；耐重牧；耐水淹及耐盐渍化。

【**分布**】原产美洲；我国甘肃及河北引种栽培。

【**用途**】用作水土保持植物。

黍亚科

96. 宽叶雀稗 *Paspalum wettsteinii* Hock.

【**特征**】多年生半匍匐丛生禾草；须根发达，具短根状茎；秆基部铺地，高50~100 cm；叶片长 12~32 cm，宽 1~3 cm；总状花序 8~9 cm，通常 4~5 个排列于总轴上，小穗单生，成两行排列于穗轴的一侧，种子卵形；花果期 7—8 月。

【**特性**】喜高温多雨的气候和土壤肥沃排水良好的土壤；分蘖力和再生力强；耐牧耐火烧。

【**分布**】原产巴西南部、巴拉圭和阿根廷北部的热带及亚热带地区；我国适宜在长江以南推广种植。

【**用途**】在草地改良中推广应用。

黍亚科

狼尾草属 *Pennisetum* Rich.

97. 狼尾草 *Pennisetum alopecuroides* (L.) Spreng

【特征】多年生草本；须根粗硬；秆丛生，直立，高 30~100 cm；叶片条形，长 20~
50 cm，宽 2~6 mm，常内卷而质硬；穗状圆锥花序长 10~20 cm，主轴密生柔
毛，紫色，小穗常单生，长 6~8 mm，颖果扁平，长圆形，长约 3.5 mm；花果
期 9—10 月。

【特性】喜温暖湿润的气候；较抗旱；抗热性好；耐践踏，再生性好。

【生境】山坡、路旁及田边。

【分布】我国南北各省；亚洲温带地区、大洋洲。

【用途】可作饲料；编织或造纸的原料；固堤防沙植物。

黍亚科

98. 御谷 *Pennisetum americanum* **L.**

【**特征**】一年生草本；秆高2~3 m，径约1 cm；叶片长20~80 cm，宽1~4 cm，基部近心形；圆锥花序紧密呈圆柱状，长达50 cm，宽约2 cm，小穗长约4 mm，颖果成熟时肿胀外露；花果期9—10月。

【**特性**】对温热条件适应幅度大；再生力强；对土壤要求不严，可适应酸性土壤，也能生长在碱性土壤上，具有较好的抗旱与耐瘠薄特性。

【**分布**】原产非洲热带地区，在亚洲和非洲广为栽培；我国各地广为栽培。

【**用途**】粮料兼用作物。

黍亚科

99. 中亚白草 *Pennisetum centrasiaticum* Tzve1.

【特征】多年生根茎型草本；秆直立，高 40~120 cm；叶片条形，长 20~40 cm，宽 5~ 15 mm；穗状圆锥花序呈圆柱形，直立或弯曲，长 10~20 cm，宽 5~10 mm， 总梗长 0.5 mm，刚毛长 1~2 cm，具向上的小糙刺，小穗长 5~7 mm，单生或 2~3 枚簇生；花果期 7—9 月。

【特性】喜温；根状茎发达，分蘖力很强，蔓延迅速；有良好的再生性能，耐践踏；耐干 旱，耐沙埋。

【生境】向阳坡地、河岸沙质地、低湿草地、撂荒地、沙丘间洼地。

【分布】我国东北、华北、西北及西南；中亚。

【用途】可作半固定沙丘、沙地的固沙植物；根茎和种子可入药。

黍亚科

100. 象草 *Pennisetum purpureum* Schum.

【特征】多年生丛生禾草；具地下根状茎；秆直立，高 3~4 m，直径 1~2 cm；叶片宽大，长 20~50（80）cm，宽 1~2（3）cm，质地较硬，边缘粗糙，上面生细毛；圆锥花序圆柱状，长约 20 cm，主轴密生柔毛，稍弯曲，总梗不显著，刚毛长约 2 cm，粗糙，其中有 1~2 枚较粗长且在下部生柔毛而呈羽毛状；小穗长约 6 mm，大多单生；花果期 8—10 月。

【特性】喜温暖湿润环境；分蘖力强。

【分布】原产非洲热带地区，现在世界热带和亚热带地区多已引种栽培；我国南方各地已引种栽培。

【用途】护堤保土植物。

黍亚科

狗尾草属 *Setaria* Beauv.

101. 非洲狗尾草 *Setaria anceps* Stapf

【**特征**】多年生丛生禾草；根系发达入土较深；植株高约 150 cm，蓝绿色，茎基部呈紫红色；叶片扁平，较短小，平滑无毛；圆锥花序紧缩呈圆柱形，较短小，小穗小，排列紧密，紫红色，刚毛棕黄色，颖果小，椭圆形；花果期 7—9 月。

【**特性**】抗逆性强；能经受短期洪水淹没。

【**分布**】原产非洲；我国南方有栽培。

【**用途**】可放牧采食，也可刈割青喂，适宜作青贮饲料或调制干草。

黍亚科

102. 金色狗尾草 *Setaria glauca* (L.) Beauv.

【特征】一年生疏丛型禾草；秆直立，基部稍膝曲，高 20~80 cm；叶片扁平，长 10~20 cm，宽达 8 mm，表面具疏柔毛；圆锥花序紧密，呈圆柱状，每小穗簇中具 9~11 条金黄色、黄褐色或红棕色刚毛（系退化小枝），长短不一；每小穗簇中仅有 1 枚小穗发育，小穗含 2 小花，长 3~4 mm，颖果卵圆形，长约 2 mm；花果期 6—10 月。

【特性】抗旱力较差；在中性及微酸、微碱土壤中生长良好，抗盐性较差，重盐碱地不能生长。

【生境】田野、路边、荒地及山坡。

【分布】我国南北各地；欧亚大陆温带和热带地区。

【用途】放牧与刈割青饲或调制干草都适宜。

黍亚科

103. 皱叶狗尾草 *Setaria plicata* (Lam.) T. Cooke

【特征】多年生疏丛型禾草；秆直立，高 80~130 cm；叶片椭圆状披针形，长约 20 cm，宽 1~3 cm，有纵向皱折，基部渐狭呈柄状；圆锥花序疏散，长 20~30 cm，分枝长 3~7 cm，斜举；小穗长 3~3.5 mm，刚毛状小枝稀少，仅有一条托于部分或全部小穗之下；花果期 6—10 月。

【特性】喜温暖湿润气候，具有一定的抗旱性和耐寒力。

【生境】山坡林下、沟谷地阴湿处或路边杂草地上。

【分布】我国长江流域以南各省区；印度、马来西亚及尼泊尔。

【用途】可放牧及刈草兼用。

黍亚科

104. 狗尾草 *Setaria viridis* (L.) Beauv.

【特征】一年生疏丛型禾草；秆直立或基部稍膝曲，高 20~60 cm；叶片扁平，长 5~30 cm，宽 2~10（15）mm；圆锥花序紧密呈圆柱形，直立或上部弯曲，每 小穗簇通常具有 3 枚发育小穗，刚毛（系退化小枝）可多达 11 条，长 3~15 mm， 呈绿色或淡紫色，小穗含 2 小花，颖果长圆形，顶端钝，成熟时稍肿胀；花果期 5—10 月。

【特性】喜疏松而肥力较好的土壤。

【生境】草坡、田间、路旁及河边湿地。

【分布】我国南北各省区；也广布于世界各地。

【用途】种子可作粗饲料；可用作人工草地栽培的草种。

黍亚科

高粱属 *Sorghum* Moench

105. 苏丹草 *Sorghum sudanense* (Piper) Stapf

【特征】一年生高大草本；根系发达，入土深达 2 m；秆高 1~3 m，分蘖多，每株 10~25
蘖；叶片繁茂，长约 30（80）cm，宽 2~4（8）cm，约占收获量的 1/2；圆
锥花序长 30~50 cm，小穗长椭圆形，长 5~7 mm，颖果长约 4 mm，宽
2~2.5 mm；花果期 7—9 月。

【特性】喜温，不抗寒，怕霜冻，耐干旱。

【分布】原产非洲的苏丹，现世界各地广为栽培；我国广东、江苏、四川、河北、新疆、内
蒙古及台湾有种植。

【用途】放牧或刈割，也可作青贮饲料。

大油芒属 *Spodiopogon* Trin.

106. 大油芒 *Spodiopogon sibiricus* Trin.

【特征】多年生根茎型禾草；根状茎密被覆瓦状鳞片；秆直立，高 40~110 cm；叶片长 7~28 cm，宽 7~30 mm；圆锥花序狭窄，总状分枝近于轮生，小枝有 2~4 节，节具髯毛，每节有 2 个小穗，一有柄，一无柄，均结实且同形，小穗长 5~5.5 mm，含 2 小花；花果期 7—10 月。

【特性】对土壤要求不严，在干旱贫瘠的土壤上生长良好；耐盐碱性差；再生性强。

【生境】石质山阳坡、砾石质草原、草甸草原、山地灌丛、山地草原及固定沙丘上。

【分布】我国东北、华北、西北、华东；西伯利亚、蒙古、日本及朝鲜。

【用途】可青刈或调制干草。

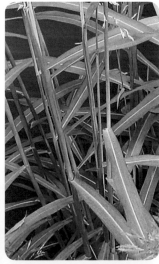

黍亚科

参考文献

陈默军，贾慎修，2001.中国饲用植物［M］.北京：中国农业出版社.

陈山，1994.中国草地饲用植物资源［M］.沈阳：辽宁民族出版社.

耿以礼，1959.中国主要植物图说——禾本科［M］.北京：科学出版社.

谷安琳，2009.中国北方植物彩色图谱［M］.北京：中国农业科学技术出版社.

吉木色，2008.内蒙古草原常见植物图鉴［M］.呼和浩特：内蒙古人民出版社.

贠旭疆，2008.中国主要优良栽培草种图鉴［M］.北京：中国农业出版社.

赵来喜，徐春波，德英，2017.内蒙古大青山主要野生饲用植物资源［M］.北京：中国农业科
学技术出版社.

中国科学院中国植物志编辑委员会，1987.中国植物志：第9（3）卷［M］.北京：科学出版社.

中国科学院中国植物志编辑委员会，1990.中国植物志：第10（1）卷［M］.北京：科学出版社.

中国科学院中国植物志编辑委员会，1997.中国植物志：第10（2）卷［M］.北京：科学出版社.

中国科学院中国植物志编辑委员会，2002.中国植物志：第9（2）卷［M］.北京：科学出版社.

附　录

中文名索引

附录

附录

附

录

拉丁名索引

附录

附

录